扎染工艺
民族

○ 主编 金开诚

○ 编著 于元

吉林出版集团
吉林文史出版社

图书在版编目（CIP）数据

民族扎染工艺／金开诚著. —— 长春：吉林文史出版社，2011.11（2023.4重印）
（中国文化知识读本）
ISBN 978-7-5472-0942-4

Ⅰ. ①民… Ⅱ. ①金… Ⅲ. ①结扎染色-介绍-中国
Ⅳ. ①TS193.59

中国版本图书馆CIP数据核字(2011)第226247号

民族扎染工艺

MINZU ZHARAN GONGYI

主编／金开诚　编著／于　元
项目负责／崔博华　责任编辑／崔博华　梁丹丹
责任校对／梁丹丹　装帧设计／李岩冰　李宝印
出版发行／吉林出版集团有限责任公司　吉林文史出版社
地址／长春市福祉大路5788号　邮编／130000
印刷／天津市天玺印务有限公司
版次／2011年11月第1版　印次／2023年4月第3次印刷
开本／660mm×915mm　1/16
印张／9　字数／30千
书号／ISBN　978-7-5472-0942-4
定价／34.80元

前　言

　　文化是一种社会现象，是人类物质文明和精神文明有机融合的产物；同时又是一种历史现象，是社会的历史沉积。当今世界，随着经济全球化进程的加快，人们也越来越重视本民族的文化。我们只有加强对本民族文化的继承和创新，才能更好地弘扬民族精神，增强民族凝聚力。历史经验告诉我们，任何一个民族要想屹立于世界民族之林，必须具有自尊、自信、自强的民族意识。文化是维系一个民族生存和发展的强大动力。一个民族的存在依赖文化，文化的解体就是一个民族的消亡。

　　随着我国综合国力的日益强大，广大民众对重塑民族自尊心和自豪感的愿望日益迫切。作为民族大家庭中的一员，将源远流长、博大精深的中国文化继承并传播给广大群众，特别是青年一代，是我们出版人义不容辞的责任。

　　本套丛书是由吉林文史出版社组织国内知名专家学者编写的一套旨在传播中华五千年优秀传统文化，提高全民文化修养的大型知识读本。该书在深入挖掘和整理中华优秀传统文化成果的同时，结合社会发展，注入了时代精神。书中优美生动的文字、简明通俗的语言、图文并茂的形式，把中国文化中的物态文化、制度文化、行为文化、精神文化等知识要点全面展示给读者。点点滴滴的文化知识仿佛颗颗繁星，组成了灿烂辉煌的中国文化的天穹。

　　希望本书能为弘扬中华五千年优秀传统文化、增强各民族团结、构建社会主义和谐社会尽一份绵薄之力，也坚信我们的中华民族一定能够早日实现伟大复兴！

目录

一、扎染简介

扎染古称扎缬，也称绞缬，是中国独特的民间传统染色工艺。

在染色前，人们将织物的一部分扎结起来，使之不能着色，而未扎结的部分则会着色。染色后，将扎结起来的织物打开，着色部分和未着色部分便会组成各种花纹。这种染色方法即扎染，是中国传统的手工染色技术之一。

布是扎染的载体，没有纺织就没有

布, 也就不可能出现载体上的任何染色工艺。

我国纺织的历史至少可以追溯到商代和西周。在商代和西周的墓葬中, 曾发现过不少玉蚕, 说明当时已有蚕桑业, 而玉蚕则表示人们对蚕桑业的重视。

春秋战国时期, 丝织工艺进步很快, 丝织品种类日益繁多, 图案极为精美。

汉代, 丝织品和染织技法有了长足的进步, 品类已可分为绵、绫、罗、纱、绮、练、纨、绢、绨、缎等十多种。与此同时,

还形成了中原地区以临淄、襄邑等地为主的丝织生产中心。

我国传统社会以男耕女织为基本经济形态，社会中出现了对"织女"的崇拜。汉代画像石中就有"织女"的美丽形象，长安昆明池畔还有"织女"的石雕像。这些文物中的"织女"就是我国民间无数从事染织等手工业劳动生产的妇女的化身。

在我国古代文献中，有许多关于染织生产劳动的记述和描绘。《墨子·辞过》中说："女工作文采。"这说明在春秋战国时期，织女已经不仅织布，而且在布上"作文采"了。织女心灵手巧，夜以继日地劳动，创造出举世闻名的中国染织精品。

这些勤劳聪明的劳动妇女在长期实践中，发明了扎染工艺。

扎染分三个步骤：染前处理，捆扎染色，染后处理。

织物上常带有浆料、助剂及一定成

分的天然杂质。为保证染色均匀，有必要对织物进行染前处理。染前处理首先要退浆，可用碱液等煮布退浆，碱为布重的3%，水为布重的30倍左右。

染前处理还有漂白，漂白剂为布重的3%，水为布重的30倍左右。然后，用熨斗将漂洗过的布熨平，以备描绘图案及捆扎用。将已设计好的图案纹样用画粉在布上做记号，然后捆扎或缝结布料。将布料浸入水中湿透，取出稍晾，待不滴水后放入已备好的染液中，或浸染，或煮染。染后，将布料用清水冲洗，并晾在阴凉处。晾后的捆扎物要趁未全干时解开扎结处，并用熨斗将其熨平。

织物扎染时，因扎结部分未染上色，保持原色，织物被扎得越紧，防染效果越好。而未扎结部分则会着色，并形成深浅不均、层次丰富的色晕和皱印。

扎染既可以染成带有规则纹样的普通扎染织物，又可以染出精美的工艺品，表现具象图案的复杂构图及多种绚丽的色彩，古朴稚拙，新颖别致。

扎染以蓝白二色为主调，即用青白二色的对比来营造出古朴的意蕴，给人以青花瓷般的淡雅之感，从而构成了宁静平和的世界，将宽容体现在扎染的天空中。

扎染一般以棉白布或棉麻混纺白布

为原料，主要染料为蓼蓝、板蓝根、艾蒿等天然植物所提炼的蓝色溶液，尤以板蓝根为主。

过去，用来染布的板蓝根都是山上野生的，开粉色小花，属多年生草本。

后来，板蓝根用量越来越大，染工就在山上自己种植，可长到半人高，每年三四月间收割下来，先将其泡出水，倒入木制的大染缸里，掺一些石灰或碱，就可以用来染布了。

用板蓝根染出的布青中泛翠，凝重素雅，含蓄深沉，不仅不褪色，对皮肤还有消炎作用，因此深受人们喜爱，在全国各地也十分畅销。后来，渐渐出口到日

本、东南亚各国，甚至远销欧美。

我国扎染有一千多种纹样，显示出浓郁的民间艺术风格，是千百年来历史文化的缩影，折射出中华民族的民情风俗与审美情趣，与各种工艺手段一起构成富有魅力的织染文化。

扎染的制作方法别具一格，是我们祖先智慧的结晶，值得继承和发展。

随着历史的发展，社会的进步，扎染工艺也日新月异，色彩越来越丰富，犹如百花齐放，争奇斗艳。

二、中国扎染史

汉族是世界上人数最多的民族，历史源远流长，文化灿烂辉煌。

在北京周口店猿人洞穴里，曾发掘出近两万年前的骨针。在浙江余姚河姆渡新石器时代遗址中，也有管状骨针等物出土。这些骨针就是当时缝制原始衣服用的。我们祖先最初穿的衣服，是用树叶或兽皮连在一起制成的围裙。后来，每代服饰都有其特点，和当时农、牧业及纺织生产水平密切相关。

人类社会发展的早期，把身边能找到的各种材料做成简陋的衣服，用以护身。最初，衣服是用兽皮制成的，最早的织物是用麻类纤维和草制成的。

在原始社会阶段，人类开始有简单的纺织生产，采集野生的纺织纤维，搓线编织成服饰。

随着农、牧业的发展，人工培育的纺织原料渐多，制作服装的工具也由简单到复杂，不断地发展，服装用料品种也日益增加了。

汉族的服饰在式样上主要有上衣下

　　裳和衣裳相连两种基本的形式，始终保持着大襟右衽的鲜明特点。而不同朝代、不同历史阶段，汉族的服饰又各有不同的特点。

　　公元前 21 世纪，大禹建立了夏王朝。禹的儿子启改民主推选的禅让制为世袭制，原始氏族全民性的部落组织转化为国家机器，这是我国历史上的第一个朝代。

公元前 17 世纪，商民族领袖汤率领部落推翻夏桀的统治，建立商王朝。

公元前 11 世纪，周武王推翻商纣王的统治，建立了周朝。

夏、商、周三朝史称三代，是中国有文字记载的历史开端。

我国著名的扎染工艺即产生于夏、商、周时期。

中国染织工艺出现于原始社会晚期的良渚文化，商、西周时期已经达到了较高的水平。河北藁城台西遗址出土的商代丝织物已有平纹的纨和平纹的纱罗等，还有比较精细的麻布。陕西宝鸡茹家庄曾出土西周中期的提花菱纹绮和朱红、石黄两色辫子股绣针法的刺绣。

1965年9月，台西村农民在取土时，发现了成组的青铜礼器和一件长达39厘米的大玉戈。1972年11月，当地农民在取土时，又发现了青铜鼎、瓠、戈、矛、金尊和石磬等26件文物。经专家研究鉴定，这批文物属于商代中期，约公元前14世纪前后。鉴于台西遗址的重要性，1973年6月，国家文物局规定，由河北省文化局组织考古工作者对台西商代遗址进行发掘。经过两年的发掘，发现了房屋、灰坑、墓葬、祭祀坑、水井、酿酒作坊等遗迹，出土文物3130余件。其中，丝织物、麻织物等的发现意义重大。这些引人注目的考古新发现，真实地记录了我们的祖先伟大的发明和创造，为研究我国商代染织业提供了极其重要的科学资料。在这里出土的众多文物中，有七项居于世界之最，充分见证了古老中华民族的智慧和文明。出土实物表明商代纺织技术已趋于成熟，台西遗址出土的精美丝麻织品，引起考古界的极大关注，特别是平纹绉丝织物和人工脱胶麻织品是我国乃至世界最早的实物标本。

1974年至1981年，考古工作者在宝鸡市南郊茹家庄等地发掘了一批西周时期

的墓葬。根据出土铜器铭文研究表明，这批墓葬是西周时期的文化遗存。宝鸡自古以来就是通往西南、西北、中原地区的交通要道，是各民族文化交流的地方，留下了丰富而又具有强烈地方文化特色的遗迹和遗物，墓地出土文物多达2670余件，是陕西地区西周墓葬考古发掘中最重要的一次收获。其文化内涵反映和涉及许多方面的问题，对于研究西周时期政治、经济以及社会各个侧面提供了不少难得的信息。尤其值得注意的是，墓地出土了大批不同质地、不同形制的染织物。这些实

物证明西周时期，我们祖先已能织造多种色彩亮丽、图案复杂的织锦。此外，在茹家庄井姬墓中还发现了辫子股针法的刺绣残片，针迹匀整，证明最晚在西周，中国已经有了刺绣。

商朝持续了六百多年，其领域主要在黄河中下游。商代的农业、手工业和牧畜业都很发达，不仅有卓越的青铜工艺，还有工艺精美的染织业。劳动人民在生产实践中发明了扎染，极大地丰富了物质文化生活。

周朝兴起于陕西渭水流域，最后建都于西安附近。周武王为了巩固政权，在

广大的领土上分封诸侯，让天下基本稳定下来。周朝以周天子为全国的最高的领主，即天下唯一的"王"。天子把土地分给诸侯，诸侯把土地分给大夫，大夫再把土地分给卿士，从天子到卿士都是贵族。贵族们占有土地，也占有人民。隶属于贵族的人民群众中有农奴也有工奴，他们直接从事于农业和手工业生产，无报酬地向贵族贡献生产品，服徭役和兵役。相对稳定的国家形势促进了经济的繁荣和手工业的发展。在这样的大环境中，扎染工艺在全国广大地区发展起来。

周朝自建国到公元前770年，共四百五十余年，称为西周。

公元前841年，周厉王因和贵族争夺剥削果实而被逐，爆发了王室内部的冲突。同时，各地诸侯随着地方经济的发展日益强大起来，周王室逐渐失掉了他们的支持。在西方和北方各族的严重威胁下，周平王不得不在公元前770年东迁洛邑，东周开始了。

从此，王室日益衰微，列国日益强大，中国进入了春秋时期。

春秋时期，力图扩大自己领域和势力的诸侯不断发生吞并和掠夺的战争，齐、晋、楚、秦、吴、越等国先后获得了向各小国及人民勒索贡品的权力。

兼并掠夺战争的结果，到公元前500年前后，只剩下秦、齐、楚、燕、赵、魏、韩七个大国了。从此，我国进入了战国时期。

春秋战国时期，大麻、苎麻和葛织物是广大劳动人民的衣着用料，统治者和贵族大量使用丝织物，部分地区也有使用毛、羽和木棉纤维织物的。

在麻布、丝绸、棉布、毛呢、皮革等载体上，扎染工艺进一步提高，纹饰越来越美了。

汉族服饰的装饰纹样上，多采用动物、植物和几何纹样。图案的表现方式经

历了抽象、规范到写实等几个阶段。商周以前的图案与当时的汉字一样，简练而概括，抽象性极强。

周朝以后，图案日趋工整，上下均衡，左右对称，布局严谨。后来，注重写实手法，各种动物、植物刻画得细腻逼真，栩栩如生，仿佛采撷于现实之中，不作任何加工，显示了汉族人民的勤劳与智慧。

春秋中叶以后，手工业制造的中心由周王室转入各诸侯国家，有官府工业和民间手工业两种。

战国时期，由于社会生产力的发展、社会思想的空前活跃、人文价值的提高，工艺美术突破礼制的局限，显示出前所

未有的活跃，各种工艺美术都出现一些杰出的代表性作品，在染织业方面成就突出。

战国时期，具有独立地域性特色的文化区域主要有以周和三晋为代表的中原文化区，以燕、赵为代表的北方文化区，以齐、鲁为代表的山东文化区，以吴、越为代表的东南文化区，以徐、楚为代表的南方文化区，以秦为代表的关中文化区，以及西南方的巴、蜀、滇文化区。战国以后，楚文化和秦文化具有重大的影响。

战国时期，染织业日益发达，取得了很高的成就。湖北江陵一座战国中晚期小型墓葬中出土了保存完好的35件衣物，纺织品有丝、麻两大类。丝织品包括绢、绨、纱、罗、绮、锦、绦、组八类。

锦有二色、三色两类。为追求色彩和图案的丰富变化，二色锦采用了分区配色和阶梯连续的手法。锦的纹样有塔形纹、几何纹、菱形纹、条纹等。三色锦结构紧密，纹样构图大，其中舞人动物纹锦说明当时已有先进的提花机，并掌握了熟练的织造技艺。同墓所出还有刺绣作品21件，以绢或罗为地，花纹主题为龙、凤，有的间以花卉。图案变化极为丰富生动，或作龙凤相蟠，或作舞凤逐龙，或作龙、凤、虎相搏斗，反映出当时工匠处理图案的高超技艺。绣线用色有棕、红棕、深红、朱红、橘红、浅黄、金黄、土黄、黄绿、钴蓝等，都是先以淡墨或朱色描绘出图稿而后再进行绣制的。

江陵战国墓出土的都是贵族服饰，绫罗绸缎，纹饰华丽，色彩鲜美，十分珍

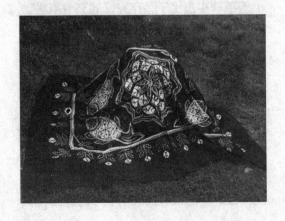

贵。而平民百姓一贫如洗，只能使用扎染织物。扎染织物只需一块普通的布，一把山上出的天然颜料即可办到。开始时，扎染织物只是大自然赐给劳苦大众的平凡物件。后来，扎染工艺精益求精，达到了出神入化的精美程度，才逐渐成为宫廷贡品。

汉代是我国历史上一个辉煌的时代，社会经济文化取得全面的发展。在工艺美术方面，汉代的工艺美术达到了一个新的历史高度，其金属工艺、染织、漆器都对后代产生了深远的影响。

汉代在染织方面取得了举世瞩目的

成就，朝廷成立了专门机构管理染织业，印染纺织成绩斐然。著名的马王堆出土的薄纱服装展示了当时的染织技术的先进程度。

1972年至1974年先后在长沙市区东郊浏阳河旁的马王堆乡挖掘出土三座汉墓。三座汉墓中，二号墓属汉初长沙丞相轪侯利苍，一号墓属利苍之妻，三号墓属利苍之子。

利苍之妻身着丝绵袍和麻布单衣，足蹬青丝履，面盖酱色锦帕，并且用丝带将两臂和两脚系缚起来。然后包裹18层

丝、麻衣衾，捆扎9道纽带，又覆盖2件丝绵袍。

马王堆汉墓出土的各种丝织品和衣物，年代早，数量大，品种多，保存好，极大地丰富了中国古代纺织技术的史料。利苍之妻墓边箱中出土的织物，大部分放在几个竹笥之中，除15件相当完整的单、夹绵袍及裙、袜、手套、香囊和巾、袱外，还有46卷单幅的绢、纱、绮、罗、锦和绣品，都以荻茎为骨干卷扎整齐，以象征成匹的缯帛。三号墓出土的丝织品和衣物，大部分已残破不成形，品种与一号墓大致相同，但锦的花色较多。最能反映汉代纺织技术发展状况的是素纱和绒圈锦。薄如

蝉翼的素纱单衣，重不到一两，是当时缫纺技术发展程度的标志。用作衣物缘饰的绒圈锦，纹样颇具立体效果，需要双经轴机构的复杂提花机制织，其发现证明绒类织物是中国最早发明创造的，从而否定了过去误认为唐代以后才有或从国外传入的说法。而印花敷彩纱的发现，表明当时在印染工艺方面达到了很高的水平。保存较好的麻布，发现于一号墓的尸体包裹之中，系用苎麻或大麻织成，仍具相当的韧性。汉代，丝、麻纤维的纺绩、织造和印染工艺技术已很发达，染织品有纱、绡、绢、锦、布、帛等，服装用料大为丰富了。

马王堆汉墓两千多年来从未被盗，保存完好，因此出土了大量的文物，为西汉初期历史考证提供了翔实的资料，震惊了世界。

汉代，染织手工艺品在染织工艺、图案等方面都有很高的水平，成为中国染织工艺史上第一个兴盛时期。印染已有夹缬、绞缬（即扎染）、蜡缬（即蜡染）三种工艺。

汉代四川成都蜀锦在这一时期有了很大的发展，成都因此被誉为锦城、锦官城，而城外洗濯蜀锦的岷江也被称为锦江。

汉代的印染工艺已达到了较高水平。关于染织色彩，在文献上记载得较为具体的是史游所著的《急就篇》，结合湖南长沙马王堆、新疆民丰汉墓出土的汉代染织遗物来看，可知当时至少已能染出朱

红、深红、青色、蓝黑、绛紫、墨绿、黄、
蓝、灰、香色（浅橙）、浅驼（灰褐）、宝蓝
等三十余种颜色。

反映汉代染织工艺最高水平的是马
王堆汉墓出土的印花敷彩纱和金银色印
花纱，这是凸版印花和彩绘相结合的产
物。前者是先用印版印出地纹，然后用朱
红、银灰、深灰、白、黑五种颜色印出藤本
科植物的变形纹样，有花冠、花穗、花叶、
蓓蕾、枝蔓，线条柔和，交叉自然，由此形
成卷草网状图案。其花纹由均匀细密的
曲线和一些圆点组成，曲线为银灰色及银
白色，小点为金色及朱红色，光洁纤巧，
套印准确，是我国现存最古的多套版印染

工艺品。以上两件作品是我国印染史上目前所知道的最早的印染代表作。

新疆民丰东汉合葬墓中出土的两件蓝白印花布也极有特点。其中一件的正中印菱形网状图案，四边围绕宽窄不同的直线纹，但在花布的一边加上由圆圈组成的带状图案。另一件在大部分印有斜方纹的尽头处，印一半身人像，后有背光，袒身着缨络，手捧长形器物，神态庄严富有生气，制作得相当精细，是一件珍贵的染织实物。

扎染这朵古代工艺奇葩已有数千年的历史，生长在人民群众中间，根深蒂固, 独特奇妙, 点缀和美化了百姓的生活。《工仪实录》一书中说秦汉扎染一直流传至今, 足见其具有罕见而又旺盛的艺术生命力。

魏晋南北朝时期, 扎染产品已经大批生产, 扎染工艺已经成熟了。

当时, 扎染产品有比较简单的小簇花样, 如腊梅、蝴蝶、海棠等; 也有整幅图案花样, 如白色小圆点的"鱼子缬", 圆点稍大的"玛瑙缬", 酷似梅花鹿的紫地白花斑的"鹿胎缬"等。

这一时期, 老庄、佛道思想成为时尚, 人称"魏晋风度"。"魏晋风度"也表现在当时的服饰文化中。魏晋南北朝服饰, 提倡宽衣博带, 成为上至王公贵族下至平民百姓的流行服饰。男子穿衣袒胸露臂, 力求轻松、自然、随意; 女子服饰则长裙曳地, 大袖翩翩, 饰带层层叠叠, 表现出优雅和飘逸的风格。

这一时期战乱频繁, 使各民族服饰

互相影响、互相渗透，促进了各民族服饰的相互融合。妇女服装承袭秦汉的遗俗，并吸收少数民族服饰特色，在传统基础上有所改进，一般上身穿衫、袄、襦，下身穿裙子，款式多为上俭下丰，衣身部分紧身合体，袖口肥大，裙为多褶裥裙，裙长曳地，下摆宽松，从而达到俊俏潇洒的效果。

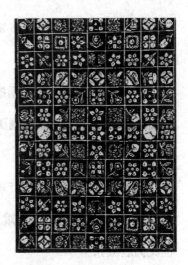

南北朝时期，扎染产品被广泛用于妇女的衣着，在《搜神后记》中就有"紫缬襦"（即上衣）、"青裙"的记载，而"紫缬襦"就是指有"鹿胎缬"花纹的上衣。

隋朝末期，政治腐败，民不聊生，爆发了农民大起义。

隋炀帝大业十三年（公元617年）五月，太原留守、唐国公李渊在晋阳起兵，十一月占领长安，拥立隋炀帝孙子代王杨侑为帝，改元义宁，即隋恭帝，尊隋炀帝为太上皇。李渊自任大丞相，晋封唐王。

隋恭帝义宁二年（公元618年）五月，

李渊废了隋恭帝，自称皇帝，定国号为唐，隋朝灭亡了。

李渊就是唐高祖。唐朝建立后，李渊派儿子李世民征讨四方，剿灭群雄，统一了中国。

李世民即位后，改元贞观。这一时期社会安定，历史上称为"贞观之治"，称李世民为唐太宗。

唐代是中国封建社会的极盛期，经济繁荣，文化发达，世风开放，对外交往频繁。由于受域外少数民族风气的影响，唐代妇女所受束缚较少。在这种时代环境和社会氛围下，唐代妇女服饰款式多，色调艳丽，典雅华美，扎染越来越广泛地

应用于服饰之中。

唐代女子服装分衣裙、冠帽、鞋履几类。

唐代扎染织品极为流行，应用广泛。当时妇女流行穿"青碧缬"，足蹬"平头小花草履"。

宫中更是广泛流行花纹精美的扎染绸衣物，"青碧缬衣裙"成为唐代时尚的基本式样。

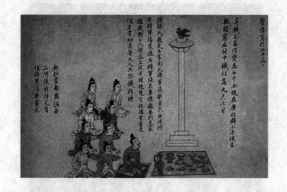

　　盛唐时, 扎染技术传入日本等国。日本将我国的扎染工艺视作国宝, 至今在日本的东大寺内, 还保存着我国唐代的五彩扎染织物。

　　从唐代《南诏中兴国史画卷》和宋代《大理国画卷》中人物的衣着服饰来看, 早在一千多年前, 白族先民便掌握了印染技术。盛唐年间, 扎染在白族地区已成为民间时尚, 扎染制品也成了向皇宫进献的贡品。唐德宗贞元十六年 (公元800年), 南诏舞队到长安献艺, 所着舞衣即由扎染织物制成。

　　唐朝的印染分为夹缬、蜡缬、绞缬等

印染方法。

夹缬是最普通的染色工艺：用两块木版，雕镂同样的图案花纹，夹帛而染。印染过后，解开木版，花纹相对，左右匀整，效果极好，十分流行。夹缬工艺种类较多，有直接印花、碱剂印花、防染印花。盛唐时期又采用了筛网印花，也就是筛罗印花，与现在的筛网印花相比毫不逊色。

蜡染的制作方法和工艺：把白布平贴在木板或桌面上点蜡花。点蜡的方法即把蜂蜡放在陶瓷碗或金属罐里，用火盆

里的木炭火或糠壳火使蜡融化，便可以用铜刀蘸蜡作画。当蜡片放进染缸浸染时，有些"蜡封"因折叠而损裂，便产生天然的裂纹，一般称为"冰纹"。有时也根据需要做出"冰纹"。这种"冰纹"往往会使蜡染图案更加层次丰富，具有自然别致的风味。

绞缬即本书介绍的扎染，扎染晕色丰富，变化自然，趣味无穷。更使人惊奇的是扎结每种花，即使有成千上万朵，染出后却不会有相同的效果。这种独特的艺术效果，是机械印染工艺难以达到的。扎染产品特别适宜制作妇女的衣裙。

唐代传世的绘画作品如《簪花仕女

图》、《捣练图》以及一些唐三彩俑和敦煌唐代壁画中，都画有扎染饰物。

宋朝是赵匡胤和他弟弟赵光义联手建立的。

唐朝灭亡后，我国北方相继出现了五个朝代，即后梁、后唐、后晋、后汉、后周。

后周广顺元年（公元951年），郭威建立后周，史称后周太祖。三年后，郭威病死，皇后柴氏无子，她的侄儿柴荣即位，史称后周世宗。

正当后周世宗夙兴夜寐，南征北战，打算统一全国时，不幸于后周显德六年（959年）突然生病去世了。他7岁的儿子柴宗训即位，史称后周恭帝。后周大将赵匡胤在众将拥戴下废了后周恭帝，取而代之，建立了宋朝。

宋朝的建立结束了五代十国的纷争局面，使中原地区得到了统一。

宋朝的扎染工艺在隋唐五代的基础上有了较大的发展。宋朝社会相对稳定，城市经济繁荣，市民阶层崛起，生活需求扩大，城乡商品交流频繁。这一切为扎染

织物的生产和发展提供了物质条件和消费市场，也给扎染工艺在品种、造型及图案纹样、装饰手法等方面带来了一系列的变化，使其呈现出不同于前代的独特风格。

宋代统治者对染织业十分重视，在少府监设了文思院、绫锦院、染院、裁造院、文绣院等机构负责生产，并于地方建官办染织作坊。

北宋染织业十分发达，花样品种和质量较之前代有了明显的提高，产量也大为增加了。主要产地有都城汴梁（今河南省开封市）、西京洛阳（今河南省洛阳市）、真定府（今河北省保定）、青州（今山东省青州市）和四川成都等地。

宋代染织遗物在新疆、山西、北京、江苏、福建等地曾有出土，近年来福州北郊南宋墓出土的丝织物是一次重大发现，为研究宋代的丝织业提供了实物资料。

宋代的服装面料以丝织品为主，品种有织锦、花绫、纱、罗、绢、缂丝等。宋代织锦以成都蜀锦最为有名，花纹有组合型几何纹，如八答晕、六答晕等。

北宋时，扎染产品在中原和北方地区流行极广。

因扎染工艺复杂，耗费大量的人力物力，宋仁宗曾下令严禁民间使用扎染物品，把它作为宫廷专用品，从而导致民间扎染业日益衰落。

但是，在西南边陲的少数民族仍保留着古老的扎染工艺。

除中国外，扎染工艺还传到了印度、日本、柬埔寨、泰国、印度尼西亚、马来西亚等国，成为流行的手工艺，广泛应用于服装、领带、壁挂等。在同一织物上运用多次扎结、多次染色的工艺，可使传统的扎染工艺由单色发展为多种色彩的效果。古时候染料一般用植物染料，亦称草木染。

宋代《大理国画卷》所绘跟随国王礼佛的文臣武将中有两位武士头上戴的布冠套，即传统蓝地小团白花扎染，说明大理扎染已有近千年的历史了。

南宋时期，为了满足军需、捐输、日常使用、外销等，染织业又有了进一步的发展，临安（今浙江省杭州市）、建阳、福州、泉州、漳州、兴化（今江苏省兴化市）等地是染织业的主要产区。宋代丝织品种主要有锦、绫、纱、罗、绮、绢、缎、绸、缂丝等。其中，以锦最为著名，计有二十多个品种，染色方法多达十几种，扎染便是其中之一。

南宋服饰纹有龟纹、曲水、回纹、方胜、波纹、柿蒂、枣花等。宋代服饰纹样受画院写生花鸟画的影响，纹样造型趋向写实，构图严密。宋代的纹样风格与唐代截然不同，而对明清时期的影响非常明显，从题材到造型手法，几乎都形成了一种程式。

2010年6月13日，杭州鼓楼发现了南宋手工印染作坊遗址。这里是南宋皇城遗址密集区，1.8米以下即为南宋文化层。5月20日，考古专家在这里挖出一块近20平方米、深2米的土坑。后来，专家将坑扩大成100平方米，结果，发现了三个水池子，还有炉灶。查阅资料发现，这里是手工印染作坊的现场。遗址保存良好。这些作坊从南宋一直延续到明清，也就是说，从13世纪到19世纪，这里一直都是手工染坊。三个水池子相互连通，设有出水口。池底以边长31厘米的方砖错缝平铺，四壁则铺以长条砖。每个水池子的一角都有弧形砖砌设施，池外还有一块大石板。考古人员从这些遗迹判断这是一处手工染坊。

南宋时，杭州是全国最大的丝绸纺织中心，官私丝绸作坊遍布城市，御街上就有很多丝帛服饰店。丝帛服饰店有彩帛铺、白衣铺、头巾铺、腰带铺、丝鞋铺、绒丝铺、枕头铺、台衣铺等特色店，其中有些是前店后坊。

这一时期，辽、金、西夏的扎染工艺独具特色，反映了本地区社会意识和民族生活的不同风貌。

辽代染织继承唐宋制度，在其所辖地区设有官办染织机构，在继承和借鉴唐宋先进技术的基础上获得很大的发展。辽陈国公主与驸马合葬墓中出土的丝织物就是辽代早期契丹贵族的物品。

辽陈国公主与驸马合葬墓位于内蒙古自治区通辽市奈曼旗青龙山镇，地处辽西山地北缘。这里山脉绵延，树木繁茂，泉水清澈。在镇东北10公里有一个小村叫斯布格图，村西的山坡上埋葬着英年早逝的辽陈国公主及驸马。

1985年6月，在斯布格图村西北修建水库时发现了这座辽墓。

在出土辽墓中，辽陈国公主与驸马合葬墓是迄今为止，保存最完整、规模最

大、出土文物最多的墓葬。辽陈国公主与驸马合葬墓出土的珍贵文物是我国考古工作者的一项重要发现。这对重新评价我国北方少数民族在缔造中华民族文化中的历史贡献，及深入研究辽代染织业提供了宝贵的实物资料。

金代染织业是在宋代北方染织业的基础上建立起来的，并沿用宋制，设立了少府监、文绣监掌管绣造宫廷御用的服饰，还设立了织染署掌管织物染色。

山西省大同市西金代阎德源墓出土的24件丝织品以罗为主，有花素两种。鹤氅、黄褐色罗地、鹤云的绣工精细，针法熟练，风格典雅，堪称金代刺绣工艺的精品。

阎德源墓位于大同城西约1公里。1973年10月配合基本建设工程进行了发掘。这是金代墓中出土器物比较丰富的一座，为研究金代扎染工艺提供了珍贵的实物资料。

传统的西夏染织属毛纺业，产品有褐毼、毛褐、毡、毯及驼毛布等，除了满足本地需要外，还向外输出。王室设有丝绢院，由汉族工匠负责织染。西夏献王陵出土的染织物色调层次丰富，绚丽多彩，反映了西夏染织业的水平。

西夏王陵位于宁夏回族自治区银川市西约30公里的贺兰山东麓，是西夏王朝的皇家陵寝。在方圆53平方公里的陵区内分布着九座帝陵，是中国现存规模最大、地面遗址最完整的帝王陵园之一。1988年被国务院公布为全国重点文物保护单位、国家重点风景名胜区。被世人誉为"神秘的奇迹"、"东方金字塔"。

花绫主要有两种，其中花、地组织循环数相同而斜纹方向相反的称异向绫，曾在献王陵中出土。由于异向绫织物花部与地部紧度相同，织物非常平整，这种组织至今仍然经常使用。

献王陵出土的染织品为研究西夏扎

染工艺提供了实物资料。

元朝是中国历史上第一个由少数民族蒙古族建立的封建王朝。公元1206年，铁木真建立蒙古汗国。公元1271年，忽必烈改国号为"大元"。元朝疆域空前广阔，忽必烈出于巩固政权的需要，采取了一系列有利于恢复生产、发展经济的措施，使传统的扎染工艺得以复兴和发展。

元朝统治者为了满足奢侈生活和精神享受的需要，将战争中掳来的欧洲、阿拉伯地区及西夏、金、南宋的工匠组织起来，从事庞大的为皇家服务的官办手工业。这些工匠匠籍世代相传，子承父业，便于积累经验，提高技艺，使官办手工业人才荟萃，生产了大量的工艺精品。

元代染织工艺继宋、金之后又有不少进步和提高，其中江南染织业尤为发达，产品远销大都及其他城市。

元朝内廷设官办染织作坊八十多座，

产品专供皇室使用。绫绮局、织佛像提举司等官办染织作坊所绣织的御容像、佛像等是元代染织业的代表，地色与金丝交相辉映，富丽堂皇，对后世织金锦缎的发展有一定影响。

具有悠久历史的蜀锦仍盛行不衰，最著名的为蜀中十样锦。

绫、罗、绸、缎、绢、纱等在各地均有织造，扎染工艺业已成熟，日臻精美。

印染业是纺织业的重要组成部分，而扎染又有它独特的审美价值。元朝时期，松江棉布印染如同绘画一般美不胜收。

松江是上海历史文化的发祥地，距今六千年前，我们的祖先就在松江一带劳动生息，创造了崧泽型和良渚型等古文化。

松江古称华亭，是江南著名的鱼米之乡。在上海开埠前，松江是上海地区政治、经济、文化中心。汉献帝建安二十四年（公元219年），东吴名将陆逊因功被吴

主孙权封为华亭侯。唐玄宗天宝十年（公元751年），置华亭县。元世祖忽必烈至元十四年（1277年），将华亭县升为华亭府，翌年改为松江府。

元代统治者为了获得更多的丝帛，十分重视农桑，多次颁布劝勉诏令。

元代丝织业作坊规模较大，花色品种也十分丰富，如建康有两处织染局，其中东局管工匠三千六百户，织机一百五十四张，额定生产丝一万一千五百零二斤八两，缎匹四千五百二十七段；镇江岁额品种有缎匹、苎丝、暗花、素丝绸、胸背花与斜纹等，分为枯竹褐、驼褐、秆草褐、橡子竹褐、明绿、鸦青等不同花饰；段匹额定为五千九百余匹，其他少者三百有余，多者近四千。

而松江府地瘠民贫，不仅织工辛苦，而且产品粗劣，销量不好，百姓生活长期得不到改善。

黄道婆是松江府乌泥泾人，年轻时流

落崖州（海南岛南端的崖县），向当地黎族人民学会了运用制棉工具的技能和棉布织造方法。元成宗元贞年间，黄道婆遇顺道海船返回故乡，把崖州进步的制棉生产工具和先进的织花技术带回了松江。

黄道婆将黎族先进的棉纺织技术和内地原有的纺织工艺结合起来，在制棉工具和织造方法上作出一系列重要的发明和技术革新。如过去松江一带除棉籽时用手剥，劳动量太大，速度极慢。黄道婆创制了轧棉籽用的搅机，除籽又快又好；以前弹棉花用的是线弦竹弓，黄道婆则代之以强而有力的绳弦大弓；黄道婆还设计制造了性能良好的三锭脚踏纱车，被公认为当时世界上最先进的纺纱工具；黄道婆还改进了织造机具和提花技术。这样，从碾棉籽、弹棉花、纺棉纱到织布的整个棉纺织技术和效率得到了全面的提高。

黄道婆在松江地区传播先进的棉纺织技术之后，长江流域的棉纺织业随之突

飞猛进。乌泥泾在元代初年本是个"民贫不给"之地，在黄道婆的指导下，家家都富了起来。松江一带成为全国棉纺织业的中心，享有"衣被天下"的美誉。

黄道婆凭着她的聪明才智造福了一方百姓，为扎染提供了大量载体，为中华民族的染织业作出了重大的贡献。

在丝织品中，元代的梅花毯中央绣有梅枝，图案取自元代著名画家王冕的墨梅画作，梅花毯周边环绕着类似阿拉伯字母的图案。这种融合了元代工艺多元性的织毯堪称稀世珍宝。

元代"棕色罗花鸟绣夹衫"制作精美，出土于内蒙古集宁路古城遗址。此衫对襟直领，直筒宽袖。面料是细腻的棕褐色四经绞素罗，刺绣花纹极为丰富，正面和背面加起来多达99处，有凤凰、双鱼、野兔、飞雁以及各种花卉纹样。在两肩的部分绣有一鹭鸶伫立，一鹭鸶飞翔。鹭鸶旁衬以水波、荷叶以及野菊、水草、云朵等，堪称扎染精品。

元代集宁路古城遗址位于内蒙古乌兰察布市察右前旗巴音塔拉乡土城子村，建于金章宗明昌三年（公元1192年），原系金代集宁县，为西京路大同府抚州属邑，是蒙古草原与河北、山西等地进行商贸交易之地。元代初年，升为集宁路，属中书省管辖，下辖集宁一县。此地是北方贸易中心，也是染织中心。

南宋灭亡后，元朝统治中国。五十余年后，元朝统治者日益残暴，政治日益黑暗，最终爆发了元末农民大起义。凤阳和尚朱元璋见天下大乱，毅然参加了濠州大帅郭子兴领导的红巾军。经过多年的征战，朱元璋于公元1368年称帝，以应天府（今南京）为京师，国号大明，年号洪武。不久，统一了中国。元统治者北逃大漠，结束了在中原98年的统治。

明朝初年国力强盛，经洪武、建文、永乐三朝励精图治，天下大治，出现了

一派盛世景象，染织业获得了空前的发展。

明朝时期，洱海白族地区的染织工艺已达到很高的水平，出现了染布行会。在行会的组织与管理下，扎染工艺名噪一时，产品畅销全国各地。

明代染织业在全国发展迅速，其中以江南最为著名，而松江更为全国染织业的中心。

印染花布在明代一直盛行不衰，各地都有棉布印染行业。其印制方法有三种：一种是将灰粉加入矾中，在白坯布上涂作花纹，随意印染，待出缸后刮去灰粉，则花纹灿然；一种是用木板雕成所需纹样，用套印方法把布蒙在板上上色，这样印出的花布华彩如绘，鲜艳夺目；还有一种即扎染，在全国农村遍地开花，花样翻新，越来越丰富。

清朝是由中国满族建立的封建王朝，是中国历史上统一全国的大王朝之一。清朝开疆拓土，鼎盛时领土达1300多万平方公里。清朝人口在历代封建王朝中也是最多的，清末时多达四亿以上。

清朝初年，为了缓和阶级矛盾，实行了奖励垦荒、减免捐税的政策，内地和边疆的社会经济都有了很大的发展。18世纪中叶，封建经济发展到一个新的高峰，史称"康乾盛世"。这时，中央集权专制体制更加严密，国力更加强大，秩序更加稳定。康熙年间，统一了台湾，并与俄国签订《尼布楚条约》，划定了中俄东段边界；乾隆中叶，平定准噶尔、回部，统一了新疆。清代一举解决了中国历史上游牧民族和农耕民族之间旷日持久的冲突，而且采取了一系列政策，发展边疆地区的经济、文化和交通，巩固了中国这个多民族国家的统一，奠定了现代中国的版图，增强了中华民族的凝聚力，给手工业的生产创造了一个良好的大环境。

清代印染在染料方面较前代有了飞

跃性的发展，色彩品种日益丰富，如红色有大红、鲜红、浅红、莲红、桃红、银红、水红、木红；黄色有明黄、赭黄、鹅黄、金黄、牙黄、谷黄、米色、沉香；蓝色有天蓝、宝蓝、翠蓝、湖色、石蓝、砂蓝；绿色有大绿、豆绿、油绿、官绿、砂绿、墨绿；紫色系及棕褐色系有紫色、藕褐、绛紫、古铜、棕色、豆色；黑白色系有玄色、月白、草白、玉色等。

清代印染不仅重视选用染料，更重视水色，染工说："虽曰人工之巧，亦缘水气之佳。"染工以江浙一带为全国之冠，史称其染色"深而明，泽而美，各得其法"。

湖州染式与锦江染式代表了清代染色的不同地方体系：湖州染式乘春水方生时染色，其时水清，染色润泽，因此湖染之色甲于各省；锦江染式于锦江之中濯帛，晾于地上，因此蜀锦色彩极佳。两地的扎染织物畅销全国，人见人爱。

清代，染色形成了各地区的独自特色：杭州出湖色、淡青、雪青、玉色、大绿；成都出大红、浅红、谷黄、鹅黄、古铜色；江宁出天青、元青；苏州出天蓝、宝蓝；镇江出米红、绛紫。

清代扎染布制作遍及全国各地。最著名的有浙江嘉兴、江苏苏州、湖北天门、湖南常德等地。其中苏州新产品极为有名，农村染坊林立。

中国明清两代均建都北京，其文化艺术上承宋、元，继续发展，不断提高。同时，蒙古族、藏族、维吾尔族和满族等少数民族的生活习俗和文化特点，对汉族传统文化产生了某些影响，极大地丰富了中华民族的文化传统。

明清两代对外贸易比较发达，在输出的同时，也引进了一些阿拉伯和欧洲的工艺，加以模仿、吸收、消化，为明清时期扎染工艺的发展输入了新的血液，形成了独特的风格和时代面貌。

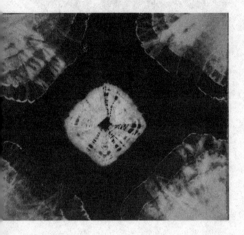

民国时期，扎染越来越受到人们的喜爱，日益推广，居家扎染已经十分普遍。以一家一户为主的扎染作坊星罗棋布，遍布各乡镇。

扎染具有浓郁的民间艺术风格，到目前为止已经出现一千多种异彩纷呈的纹样。这些纹样折射出中华民族的民情风俗与审美情趣，与各种工艺手段一起构成富有魅力的织染文化，是千百年来中华民族历史文化的缩影。

近代，我国染织业继续发展，大理周城成为远近闻名的手工扎染大村。1984年，周城兴建了扎染厂，组织五千多名妇女参加扎花，产品80%以上销往日、英、美、加等十多个国家和地区，备受欢迎。

扎染工艺使面料富于变化，既有朴实浑厚的原始美，又有变换流动的现代美，具有中国水墨画的韵味和朦胧美。

朴实无华、天然成趣的扎染奇葩必将在中原大地大放光彩。

三、扎染工艺

（一）扎染材料与工具

用于扎染的材料有棉布、丝织品、麻织物、毛料等, 有时也有皮革。

上述这些载体都可进行扎染, 但以薄型织物为佳。

扎染工具十分简单, 只要有染缸、圆木棒、线绳、缝针、剪刀、手套即可。

扎染一般都是手工操作, 可制作出各

种各样的图案花纹，随心所欲地为生活增加情趣，因此能在民间广为流传，在农村遍地开花。

用于扎染的线和绳要有一定的韧度，以不易拉断为好。线绳有棉纱线绳、蜡线、蜡绳等，也可以用橡皮筋，可根据扎染面料来选用。

用于缝扎的棉线，一般多采用双股棉线。双股棉线细密而又具有一定的强度，不易拉断。较厚的织物可采用较粗的线，如被盖线。如果捆扎面料，可以采用不同质料的线，包括粗棉线、麻绳等。

用于缝扎的针一般都用棉线针或者

绣花针，针的型号要根据织物厚薄和花形大小灵活选用。如果是超厚型面料，如丝绒、皮革等，则可选用最大型号的缝纫针；如果是钩扎，则必须使用钩扎专用的特制钩针。

扎染时，不同的颜色要用不同的颜料，有矿物和植物两种：

青色用从蓝草中提取的蓝靛；红色用赤铁矿粉末、朱砂、茜草等；黄色用栀子、地黄、槐树花、黄檗、姜黄、柘黄等；白色用天然矿物绢云母；黑色用五倍子、栎实、橡实、柿叶、冬青叶、莲子壳、栗壳、鼠尾叶、乌桕叶等。

选择适应于不同纺织纤维的染料，常用的染料有直接染料、酸性染料和活性染料，还要有相应的促染剂、固色剂。

直接染料能直接溶解于水，对纤维有较高的直接性，无需使用有关化学方法使纤维及其他材料着色。直接染料能在弱酸性或中性溶液中对蛋白纤维（如羊毛、蚕丝）上色，还用于棉、麻、丝染色。直接染料色谱齐全，价格低廉，操作方便，但也有缺点：水洗、日晒牢度不够理想。

酸性染料是在酸性介质中进行染色的染料。酸性染料大多数含有磺酸钠盐，能溶于水, 色泽鲜艳、色谱齐全。主要用于羊毛、蚕丝等染色, 也可用于皮革。酸性染料色谱齐全, 日晒牢度和湿处理牢度随染料品种不同而差异较大。不同类型的酸性染料染色性能不同, 所采用的染色方法也不同。

活性染料又称反应性染料, 是在染色时与纤维起化学反应的染料。这类染料分子中含有能与纤维发生化学反应的基团, 染色时染料与纤维反应, 形成共价键, 成为整体, 使耐洗和耐摩擦牢度提高。活性染料是新型染料。活性染料色谱广, 色泽鲜艳, 性能优异, 适用性强。

(二) 扎染前的准备

扎染是一种富有创造性的手工工艺，在扎染之前必须有一个预先构想和设计，要做到人见人爱。先确定面料和款式，再考虑扎染花纹的大小和部位安排，然后设计图案和扎染方法。

扎染物可以是未经裁剪的布料，可以是已经裁好的服装衣片，也可以是已经做好的服装或其他装饰用品。

(三) 扎

扎染工艺的中心环节是扎，扎就是用线或绳绑或缝织物。扎的方法有多种：捆绑扎、缝扎、打结扎、器具辅助扎等。

1. 捆绑扎

这是一种较为自由的扎法，不必事先绘底样，只要按需要将织物折叠、捏拢、皱缩，并用棉纱线或纱绳捆绑、缠绕扎结, 拉紧绳端, 扣结牢固, 被扎缚部分即会防染。

(1) 经向纬向折叠扎

将织物按经向或纬向折叠, 或将织物按经向或纬向捏拢, 用线绳分段扎紧, 可得到条形连续花纹。

(2) 对折扎

将织物对折, 再对折, 以折点为顶点, 在其下部用线绳扎紧, 染色后可得到菱形或方形花纹。

(3) 中心捏拢扎

将织物铺开, 取中心点用右手将其捏拢起来, 然后用左手在右手下方握拢织物, 放开右手取线绳在中心点下方扎紧, 染色后可得连续花纹。

(4) 皱突扎

将布料舒展铺平, 抓起一个个皱突, 用线绳将皱突绕扎起来, 染色后可得到散点式近似方形的花纹。

（5）折叠扎

将织物铺平，折叠成方形、菱形、三角形等，然后用线绳捆扎角隅部位，可得到连续性花纹。

（6）团扎

将织物任意皱缩成团，用线绳捆绑，染色后可得到似大理石花纹的纹饰。

2.缝扎

缝扎法指用针线按描绘在织物上的花纹稿样一针针地缝出，缝好后将线端抽紧，使缝过的部分收拢，或者收拢后进行缠绕将线头打结，染色后可得到设想的花纹。

（1）平针描线缝扎

用平针按织物上所描绘纹样的轮廓线一针针地缝，缝之前将缝线线头打结，缝好后将终端留出约10厘米，剪断缝线，然后拉紧收拢打结，不使缩拢的织物松散，染色后会出现清晰的线形花纹。线形的清晰程度与针距大小有关，针距小的线

形比针距大的线形显得清晰。

(2) 平针满地缝

在织物上所描绘的轮廓线内一针针地进行满地缝，缝好后收拢结紧，染色后可得到线形组合的块面花纹。

(3) 平针缝纫扎

采用平针缝纫法，可以缠扎出直线、波纹、菱形、圆弧等花纹。

(4) 绕针缠扎

绕针缠扎法指按织物上所描的线对折，用针线在对折处绕针缝，缝后拉紧收拢打结，可得到与平针缝法不同的虚线花纹。

3.打结扎

打结扎法是将布料自身打结抽紧，不使用线绳捆绑，使打结处严严实实，阻断染液浸入，染色后可得到防染变化的花纹。

（1）三角结

即将方形织物按对角线折成三角形后，再将三角打结。

（2）四角结

即将织物四角打结。

（3）折叠结

将织物折叠成长条形打结，或将织物收拢成长条形打结。

4.器具辅助扎法

在扎染中利用各种器具作为扎结的辅助物，染色后可得到奇特别致的花纹。

（1）夹板扎

将织物按经向对折，然后将对折后的织物再分别对折，成为相反四折的带状形态，在带形的一端折成三角形或正方形，并继续按照三角形或正方形的大小正反折叠，直至折完。取两片与折叠织物大小相同的正方形或三角形木制夹板夹住折叠织物的两面，并用绳扎紧，也可用铁夹或其他工具夹紧。染色时先将染物放入热水中浸湿，捞出后挤去水分再进行染色。染色时可以全部浸染，也可以局部浸染，所得花纹会有所不同。

（2）毛竹板条扎

同夹板扎结一样，先将织物按三角形或正方形正反折叠完毕，再取宽窄厚薄相等，长约30厘米的两根毛竹条或长方形木

板条夹住织物的两面, 竹条或木板条两端用绳扎紧, 经热水浸湿后, 放入染液中进行染色, 竹条或木板条紧夹的部分因染液受阻, 无法渗入, 会显出花纹。

(3) 木夹铁夹扎

将织物按经向正反折叠成细带状, 可以四折、六折或八折不等, 再用木夹或铁夹按一定间隔夹住, 然后进行染色, 可得到别致的花纹。

(4) 颗粒状硬物包扎

用黄豆、蚕豆、碎石、枇杷核、话梅核、果壳、钱币、小石块和玻璃珠等作衬垫物, 包扎成不同形状的球包, 入染后可得到多样性的奇异花纹。

(四) 染

染色是扎染的最后一道工序, 也是扎染的重要步骤。在染色之前, 应先将已扎好的织物放入水中浸泡半小时, 取出后挤去多余的水分，然后在潮湿的状态下投入染液浸染，或者加以煮染。

1.染料

现在，染工在染色前，要根据织物纤维的品种合理地选用染料。每种染料对于纤维都有一定的适染范围，如直接染料适于棉、麻、蚕丝等纤维织物的染色，还原染料适于棉织物的染色，酸性染料适于丝、毛等织物的染色，活性染料适于棉、麻、丝、毛等纤维织物的染色。

我国古代染色所用的染料是矿物染料和植物染料，也就是直接染料。

在服饰的色彩上，汉族以青、红、黑、白、黄等五种颜色为正色。不同朝代对颜色各有崇尚，夏朝崇尚黑色，商朝崇尚白色，周朝崇尚赤色，秦朝崇尚黑色，汉朝崇尚赤色。从唐代开始，黄色被视为尊贵的颜色，只有天子才能使用。

我国古代的染织工艺是世界上独有的，染色技术极为卓越，不仅颜色多，色

泽美，而且染色牢固，不易褪色，被西方誉为神秘的"中国术"，可分为印染、扎染、蜡染等。

早在六七千年前的新石器时代，我们祖先就用赤铁矿粉末将麻布染成红色，甚至有的聪明人能把毛线染成黄、红、褐、蓝等色，织出带有色彩条纹的毛布。

商周时期，染色技术不断提高，宫廷手工作坊中设有专职官吏，称为"染人"，专掌管理织物的染色，染出的颜色不断增加。

我国古代染色用的染料大都是天然矿物染料或植物染料，除原色青、红、黑、白、黄五色外，能将原色混合后得到间

色，即多次色。

青色主要是用从蓝草中提取的蓝靛染成的。能制蓝靛的蓝草有许多种，我们祖先最初用的是马蓝，后来主要使用马蓝根了。

我国古代将原色中的红色称为赤色，而称橙红色为红色。赤色最初是用赤铁矿粉末染出来的，后来改用朱砂了。用这两种原料染色，牢度较差。从周代开始，我们祖先使用茜草做赤色染料。茜草的根含有茜素，以明矾为媒染剂可染出红色。从汉代起，我们祖先开始大规模地种植茜草了。

黄色最早主要是用栀子染成的。栀子的果实中含有黄色素，是一种直接染料，染出来的黄色微泛红光。南北朝以后，黄色染料除栀子外，又有地黄、槐树花、黄檗、姜黄、柘黄等。用柘黄染出的织物在月光下泛红光，呈赭黄色，在烛光下则呈赭红色，眩人眼目，因此自隋代开始成为

皇帝的服色，宋代以后皇帝专用的黄袍即由柘黄染成。

我们祖先用天然矿物绢云母涂成白色，但主要还是通过漂白法，有用硫黄熏蒸进行漂白的。

古代能染黑色的植物主要有五倍子、栎实、橡实、柿叶、冬青叶、莲子壳、栗壳、鼠尾叶、乌桕叶等。我国自周朝开始就知道采用这些染料了。

掌握了上述这五种原色后，再经过套染就可以得到不同的间色了。

随着染色技术的不断提高和发展，我国古代染出的纺织品颜色也不断增加，渐渐增加到了24种颜色。其中红色有绛红、银红、水红、猩红、绛紫；黄色有金黄、鹅黄、菊黄、杏黄、土黄、茶褐；青蓝色有天青、蛋青、赤青、藏青、翠蓝、宝蓝；绿色有豆绿、叶绿、胡绿、果绿、墨绿等。

植物染料因其无毒、无害、无污染而备受推崇，在广泛使用合成染料的今天，仍然具有极大的开发价值和应用前景。清末，民间有许多专门从事染料生产的作坊，一些地区至今仍然保留着靛蓝染色的技术，并用靛蓝染色法来染制扎染产品。

在我国古代，各种蓝色几乎都是用靛

蓝染的，靛蓝还可用来套染绿色和其他颜色。

我国传统的染色技术十分精湛，值得继承和发展。

2.染色

染色前，先称出所染织物的重量，再根据染色的浓度和染物的重量称出所需要的染料。如果染色浅，织物重量与染料重量之比为100：0.5；如果染色深，织物重量与染料重量之比为100：2；如果深浅适中，织物重量与染料重量之比为100：0.5至100：2。

准备好织物与染料后，用热软水将染料溶解调匀，并将促染剂食盐用水溶解备用。

在染缸中配制染液，被染织物与水之比为1：25至1：40。

将染液加温至50℃左右，将织物放入染缸中，再加热使温度上升接近沸点，染煮10分钟后，将促染剂食盐液的一半倒进染液。煮染10分钟后，再加入剩下的含盐液。再煮染10分钟后，取出织物，用清水冲洗，然后拆线，再次水洗后加以固色。

3.酸性染料染色

用少许热水将染料溶解调匀，加水调配成染色溶液。将染液加热至50℃—60℃后放入染物，再加温至80℃—90℃后加入促染剂冰醋酸，煮染约30分钟，取出冲去扎结物上的浮色，拆除扎线或绳，水洗，固色，再水洗后凉干烫平。由于丝绸织物质地又轻又薄，光泽要求高，不宜长时间沸染。

4.活性染料染色

根据染物重量称取所需用的染料，用冷水将染料溶解，并将食盐溶解备用。配制成染液后加温至30℃左右，先将织物浸染，10分钟后加入食盐溶液，再浸染30分钟，加入纯碱固色。30分钟后取出染物，冲去浮色，拆去线绳，进行水洗，之后

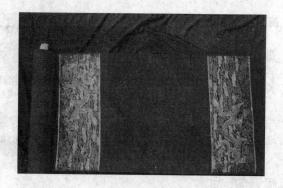

皂洗10分钟，皂洗温度可在95℃以上。最后冷洗，凉干，熨整。活性染料染真丝织物时也可以不用纯碱固色，但要高温皂洗以除去浮色。

5.单色和多色扎染

（1）单色扎染

单色扎染是将扎结好的织物（多为浅白地织物）投入单一的深色染液中进行染色，所得到的是浅白色深地花纹，清新雅致，令人喜爱。由于扎结方法多种多样，扎结得松紧不同，织物的折叠皱缩有变化，使染色溶液不能均匀地扩散到扎结部位，形成了深浅浓淡多变的色晕效果，被称作"扎染之魂"。

(2) 多色扎染

多色扎染有双色扎染、多色叠染、多色绘染、多色点染、多色刷染等。

双色扎染：先扎结染浅色，再扎结染较深色，可得到深浅两色的花纹。

多色叠染：按上述方法用邻近色或互补色重叠染色，如先用黄色染色后，扎结后染大红，再扎结后染橄榄绿色，会得到棕褐色深底的黄、橘红色花纹。

多色绘染：先将所绘花纹内涂上所需的色彩，色数不受限制，然后用平缝扎结法，按所需花纹平缝，抽紧后缠绕扎

结, 放入深色染液中染色, 可得到多彩花纹。

多色点染: 用各色染液点在织物的扎结或缝扎部位, 使其渗透进去, 然后投入深色染液中染色, 可得到多彩花纹。

多色刷染: 先将不同色的染液刷染在白地织物上, 凉干后进行扎结, 再投入深色染液中染色, 可得到多彩花纹。

四、白族扎染

　　大理白族扎染是白族人民的传统民间工艺产品，集文化、艺术于一体，花形图案以规则的几何纹样组成，布局严谨，多取材于动物、植物的形象和历代王宫贵族的服饰图案，充满了生活气息。

　　白族扎染继承我国传统扎染工艺，分为扎花和浸染两个环节。扎花以缝为主，缝扎结合，表现范围广，刻画细腻，变幻无穷；浸染采用手工反复浸染工艺，形成以花形为中心，变幻玄妙的多层次晕纹，凝重素雅，古朴精致。

大理白族扎染以纯棉布、丝绸、麻布、金丝绒、灯芯绒等为面料，除保留传统的蓝地白花外，又开发出彩色扎染新品种，产品有色布、桌巾、门帘、服装、包、帽、手巾、围巾、枕巾、床单等上百个品种。

大理全称大理白族自治州，地处云南省中部偏西，东接洱海，西接点苍山脉。这里气候温和，土地肥沃，山水多姿，风光秀丽，是中国西南边疆开发较早的地区之一。

四千多年前的新石器时代，白族先民就在以苍山、洱海和滇池为中心的地区生息繁衍了。他们在河旁湖滨的台地上创造了早期的稻文明，过着农渔猎牧的生活。

春秋战国时期，白族第一个王国，白国从此登上了历史舞台。

从春秋至唐初，白族对外商贸发展

起来，交流日益频繁。华夏文明、古印度文明陆续传播到白族地区，白族先民不断学习和借鉴外来文化，形成了具有汉梵特色的白族文化。

白族日益强大，在我国西南地区独树一帜，周围各部族如昆明、东西洱蛮、渠敛诏、浪穹诏、邆赕诏、施浪诏、蒙舍诏等都先后臣服白国了。

唐太宗贞观三年（公元629年）白国衰微，白王张乐进禅位于蒙舍诏的诏主蒙细奴逻。

唐玄宗开元二十六年（公元738年），蒙舍诏首领皮罗阁建国。从此，我国西南第二个强国南诏登上了历史舞台。

南诏国凭借自己强大的国力统一了六诏，国境包括今日云南全境及贵州、四川、西藏、越南、缅甸的部分土地。

五代后晋高祖天福二年（公元937年），通海节度段思平与滇东乌蛮三十七部盟誓，进军滇西，建立了大理国，历时

500多年。这是我国西南历史上第三个强国。

宋理宗宝祐元年（公元1253年），大理国被蒙古灭亡。后来，元朝在大理国境建立了云南省。元朝任命投降的段氏为大理总管，世袭其职。

明太祖洪武十四年（公元1381年），明朝大军平定云南，取消了段氏在大理的世袭特权。

元明清三代，白族在政治、经济、文化各方面与中原逐步形成一体。

白族在形成与发展的过程中，与周边

各民族友好往来，互通有无，创建了灿烂的文化，其中之一便是闻名世界的扎染。

唐昭宗光化二年（公元899年），白族画家张顺、王奉宗创作了《南诏中兴国史画卷》，将南诏建立的神话传说用连续的短画形式系统地描绘出来，是我国珍贵的文物之一，生动优美，有极高的历史价值。

宋孝宗乾道八年（公元1172年），张盛温创作了《大理画卷》，被称为"南天瑰宝"。该画卷全长10丈，134开，以"护国人王经"为主题，画了628个面貌各异的人像，笔法精致细腻，人物栩栩如生，是我国古代的艺术珍品。

从唐代《南诏中兴国史画卷》和宋代《大理画卷》中人物的衣着服饰来看，早在一千多年前，白族先民便掌握了扎染技术。在《大理画卷》所绘跟随国王礼佛的文臣武将中，两位武将头上戴的布冠套，即传统蓝地小团白花扎染织物所制。

唐德宗贞元十六年（公元800年），南诏舞队到长安献艺，所着舞衣即扎染织物制成。

白族经过南诏、大理时期的不断发展，扎染已成为颇具白族风情的传统艺术。

在盛唐年间，扎染在白族地区已成为民间时尚，扎染制品成了向皇宫进献的贡品。

10世纪，宋仁宗明令严禁民用扎染物品，将其作为宫廷的专用品了。

明清时期，洱海白族地区的扎染工艺达到了很高的水平，出现了染布行会，洱海卫红布、喜洲布和大理布都是名噪一时的畅销品。

清末，扎染日益普遍，以一家一户为单位的扎染作坊云集周城，成了全国的扎染中心。

周城位于云南大理古城北23公里，全村居住1500余户白族居民，是大理最大的白族村镇。

大理染织业不断发展，周城成为远近闻名的手工扎染村。这里，妇女个个精

通扎花，户户都会精染，成为全国重要的扎染织物产地。

白族扎染取材广泛，常以当地的山川风物作为创作素材，其图案有苍山彩云、洱海浪花，有塔身蝶影、花鸟鱼虫，有神话传说、民族风情，千姿百态，无不妙趣天成。

在浸染过程中，由于花纹的边界受到蓝靛溶液的浸润，图案产生自然晕纹，青里带翠，凝重素雅，薄如烟雾，轻若蝉翅，若隐若现，如梦似幻，韵味别致，充满了回归自然的拙趣。

扎染布是白族特有的工艺产品，在大理城乡随处可见。扎染不仅代表着一种传

统，而且已成为一种时尚。

扎染极受世人欢迎，它朴素自然，毫不张扬，符合人民的高尚情致，贴近人民的质朴生活，是白族人民勤劳、纯洁、诚实、善良、乐观、开朗、热情等美好品格和情趣的化身。

扎染布在人们心目中已成为大理最特殊的文化象征和民族传统艺术的标志。

大理白族扎染显示出浓郁的民间艺术风格，一千多种纹样是千百年来白族历史文化的缩影，折射出白族的民情风俗与审美情趣，与各种工艺手段一起构成富有魅力的大理白族文化。

2006年5月20日，白族扎染技艺经国务院批准，列入第一批国家级非物质文化遗产名录。

五、彝族扎染

巍山彝族扎染采用天然植物染料，继承并发挥传统民间扎花工艺，做工精，花纹美，图案新颖多变，具有古朴、典雅、自然、大方的特点，既有艺术欣赏价值，又有实用性。

彝族扎染有蓝染、彩染、贴花等系列产品，如台布、壁挂、门帘、衣服、裙、帽、包、地毯及各种面料。

巍山地处云南省西部的哀牢山和无量山上段，山川秀丽，气候温和，物产丰富，早在新石器时代就有人类在此繁衍生息。

巍山历史悠久，是云南省设置最早的郡县之一。

彝族是我国少数民族中人口较多的民族，全国彝族人口有八百多万，主要分布于四川、云南、贵州、广西等地。

据《巍山彝族简史》，巍山原名蒙化，是南诏国的发祥地。巍山因境内有南诏发祥地巍宝山而得名。

三千多年前，彝族已广泛分布于我国西南地区，汉朝称"西南夷"。

唐初，洱海地区六诏兴起，其中蒙舍诏位于巍山境内。因蒙舍诏在其他五诏之南，故称南诏。

唐太宗贞观三年（公元629年）白国衰微，白王张乐进禅位于蒙舍诏的诏主蒙细奴逻。

唐玄宗开元二十六年（公元738年），蒙舍诏首领皮罗阁建国。从此，我国西南

第二个强国南诏登上了历史舞台。

南诏国经历了三代国王之后，由于北部仅一山之隔的大理依山傍水，更为开阔，就把国都迁到了大理。

南诏国最强盛的时候，疆域包括云南全省和四川、贵州、广西、越南、缅甸、老挝的部分地区。

这个在祖国西南边疆由少族民族建立政权的南诏国，显赫一时，对祖国统一、民族团结作出了巨大的贡献。

南诏国历时253年，大致与唐王朝相始终，人文鼎盛，经济繁荣，文化发达。

巍山自明代以来人才蔚起，出过进士20多人，举人200多人，留下许多珍贵墨迹，清乾隆年间被封为"文献名邦"。

巍山是全国历史文化名城之一，有独具特色的人文景观和自然景观，有保留完整的古城风貌，古建筑星罗棋布，民族风情绚丽多彩，被国务院批准为对外开放县，悠久的历史、灿烂的文化和众多的古迹成为文人学士和游客所向往之地。

鼎鼎大名的彝族扎染就是在这样的大背景下产生的。

扎染是中国一种古老的纺织品染色工艺，也是一种独特的民间传统工艺美术形式，是深深地扎根于我国农村的奇葩。

扎染在全国遍地开花，形成了百花齐放、争奇斗艳的局面。由于各民族各地区文化的差异，形成了多种具有地方特色的流派和艺术风格，散发着独有的艺术风格和魅力，折射出广大民众的审美心理和文化趣味。

勤劳聪明的巍山彝族人民，祖祖辈辈从事扎染手工制作。

早在南诏时期，巍山的彝族先民就采用本地特有的一种黑泥扎染传统包头布。为了满足日常生活及民间歌舞的需

要，彝族先民拾麻栗果成熟后落地的果实外壳熬制黑色染料，用于扎染，结合一些简单的图案制作生活用品及民族服饰。

明清时期，巍山手工扎染业十分发达。

巍山文管所保存的清光绪年间的"改机碑记"石碑，极为详细地记载了当时对织染业行会生产的具体规定。

巍宝山文龙亭有一幅保存完好的清代壁画——《松下踏歌图》，由当时民间艺人所绘。图中人物的服饰反映出当时扎

染工艺的一些风貌。

巍山织染业的兴旺促进了民间扎染业的发展。巍山扎染盛行一时，并流传至今。

巍山扎染工艺独特精美，每件扎染制品都要经过严格的选料、印花、扎花、脱浆、染色、拆线、漂洗、质检、包装，所有环节都必须由手工来完成。其中"扎花"工序尤其需要精巧的手工，要一针一线地完成。

巍山扎染以天然植物为原料精制而成，采用扎染中自古有名的草染和蓝染两种独特的加工方法。天然植物染料板蓝根、黄栌树皮来自大自然,染出的布料透气、柔软,对皮肤有很好的药用作用。

2003年3月,国家文化部将巍山县命名为"中国民间扎染艺术之乡"。

六、布依族扎染

布依族妇女从事纺花、织布、扎染，千百年来通过口传心授，母传女，师传徒，将织布、描花、刺绣、扎染的技艺传承至今，不断发展，其制品越来越精美，众多色彩相间的土布，绘制花草树木、飞禽走兽的美丽扎染制品具有丰富的文化内涵，凝结了古今布依族妇女的智慧。

布依族人口近三百万，主要聚居于黔南、黔西南两个布依族苗族自治州及安顺

市和贵阳市。

　　布依族居住地区是我国南方隆起于四川盆地和广西丘陵之间的一个亚热带岩溶化高原，环境独特，自然资源丰富。这里苗岭横贯其中，主脉由西向东延伸，支脉绵亘全区。主峰云雾山在都匀、贵定之间，西北部的乌蒙山是贵州高原的最高峰，也是珠江水系和长江水系的分水岭。

　　布依族居住地属中、北亚热带湿润气候区，热量充足，雨量充沛，终年温暖湿润，冬无严寒，夏无酷暑。年平均温度16℃，年降雨量在1000—1400毫米之间。

无霜期270—350天，适宜各种农作物生长。布依族居住的河谷、坝子土地肥沃，气温及水利条件好，盛产棉花，可织土布，为扎染提供了丰富的载体。

　　布依族曾经历过漫长的原始社会时期。春秋战国至西汉末年，布依族进入奴隶制社会发展阶段。隋唐时期，封建领主经济兴起，中央王朝给其首领封号，土司制度日臻完善。

　　明末清初，大批湖广、四川等地汉民进入贵州，布依族地区的市场交换也日益繁荣，出现了诸如贵阳、安顺、都匀、独

山、兴义等重要市镇和贸易中心。

布依族男女多喜欢穿蓝、青、黑、白等色布衣。青壮年男子多包头巾，穿对襟短衣、大襟长衣和长裤。老年人大多穿对襟短衣或长衫。妇女的服饰各地不一，有的穿蓝黑色百褶长裙，有的喜欢在衣服上绣花，有的喜欢用白毛巾包头，带银质手镯、耳环、项圈等饰物。

布依族是我国古代百越的一个分支，早在上古时代就生活在今贵州境内，一直自种棉花、自纺、自织、自染、自裁、自缝衣服。全家穿衣全由妇女承担，每家都有纺车、织布机、染缸、染料。

　　每户、每村、各地区的妇女常常喜欢拿织出的土布比赛，技艺高超的妇女备受敬爱。小女孩们从小就开始学习纺纱、织布、扎染等工艺，聪明的女孩十三四岁就能熟练地掌握这些工艺了。

　　布依族扎染用的器具有染缸，染料主要是蓝靛，也有一些红、黄、紫等色料，还有扎染用的针、线、白土布、竹杆等。

　　布依族扎染制品主要有白土布、青兰

土布、大小花格土布、笆折布、反纱布、衣、裤、围腰、背带、手帕、垫单、棉被等。

布依族扎染是一种历史悠久的民间艺术，为劳动人民所创造，也为他们所使用和欣赏。它以素雅的色调、优美的纹样、丰富的文化内涵，在全国民间艺术中独树一帜，是一个不断继承和创新的进程。

布依族扎染的纹样分为自然纹样和几何形纹样两大类，自然纹样中多为动物植物纹，几何形纹样多为抽象化的自然物。

布依族扎染织物传统纹样繁多，内涵丰富，风格独特，工艺精巧，畅销全国，被誉为中华民族印染工艺的一朵奇葩。

七、苗族扎染

我国苗族扎染以湖南省凤凰最为有名，是当地特产。

凤凰是苗族、土家族聚居的湘西边城，原为一个小小的村落，后来发展为一座军事重镇。过去，湘人前往川黔，常在凤凰歇脚。久之，这里成了一个繁华之地，手工业渐渐发展起来。其中扎染制品十分有名，传遍西南大地。

苗族扎染是一种古老的防染工艺，

染色用的染料与蜡染一样，但扎染的方法更加生动，面料不是靠蜡来附着，而是依靠绳子来裹扎一部分面料，被扎住的部分不能接触染料，其他部分变成了与染料一致的颜色。捆扎部分由于液体的浸透形成了颜色的过渡，产生了国画墨晕的效果，十分随意，近乎天然，充满拙趣。由于染色是用板蓝根及其他天然植物，所以对人体皮肤无任何伤害。

凤凰苗族扎染工艺历史悠久，起源于何时尚无定论。不过，扎染工艺极为简便，仅用针、线和天然染料即可。而我国

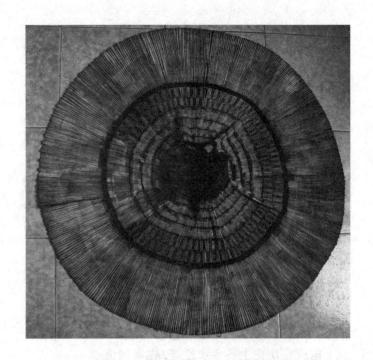

丝织品产生较早，印染业又很发达，扎染与丝织面料结合起来可谓珠联璧合，扎染成品原始古朴，因此可断定扎染的出现不会太晚于纺织品的产生。

苗族人口近千万，主要分布在贵州、湖南、云南、湖北、海南、广西等地。

苗族聚居的苗岭山脉和武陵山脉气候温和，山环水绕，大小田坝点缀其间。苗族人主要种植水稻、玉米、谷子、小

麦、棉花、烤烟、油菜、油桐等。

苗族历史悠久，可追溯到原始社会活跃于中原地区的蚩尤部落。

商周时期，苗族先民开始在长江中下游建立三苗国，从事农业，栽种水稻。

苗族在历史上曾多次迁徙，由黄河流域迁至湖南、贵州、云南。

苗族服饰极多，竟有二百多种，是我国和世界上保持服饰种类最多的民族，被称为"服饰博物馆"。

苗族服饰从形式上看，保持着中国民间的织、绣、挑、染等传统技艺，在运用一种主要工艺手法的同时，穿插使用其他的工艺手法，或挑中带绣，或染中带绣，或织绣结合，使服饰显得花团锦簇，溢彩流光，显示出鲜明的民族特色。

　　苗族服饰从内容上看，图案大多取材于日常生活中各种生动的物象，有表意和识别族类、支系及语言的重要作用，被称为"穿在身上的史诗"。

　　苗族服饰从造型上看，采用中国传统的线描式或近乎线描式的、以单线为纹样轮廓的造型手法。

苗族服饰从
制作技艺上看,
服饰发展史上的
五种形制无一不
备,即编制型、
织制型、缝制
型、拼合型和剪

裁型,历史层级关系清晰,堪称"服饰制
作史陈列馆"。

苗族服饰从用色上看,善于选用多种
强烈的对比色彩,努力追求颜色的浓郁和
艳丽感,一般用红、黑、白、黄、蓝五种。

苗族服饰分为盛装和便装:盛装为节
日礼宾和婚嫁时穿着的服装,繁缛华丽,
集中体现苗族服饰的艺术水平。便装的
样式比盛装素静、简洁,用料少,费工少,
供日常穿着之用。苗族姑娘最爱穿百褶
裙,一条裙子上的褶竟达五百多个,而且
层数也多,有的多达三四十层。这些裙子
从纺纱织布到漂染缝制,一直到最后绘

图绣花，都由姑娘自己独立完成，再加上
亲手刺绣的花腰带和花胸兜，真是异彩
纷呈，美不胜收。

　　苗族服饰历史悠久，千变万化，但都
离不开扎染工艺。

　　苗族扎染工艺经过千百年的演变，
扎染手段已有几十种，染色也从单色演变
成复色的多次浸染。古老的印染工艺至今
仍有极大的魅力，扎染纹样具有从中心向
四周呈辐射状的工艺效果，扎染纹样的
生动与丝绸面料的飘逸相映成趣，令人为
之倾倒。

　　苗族扎染工艺千百年来代代相传，在
扎染手段、扎结手法与染色艺术上，由单

纯到复杂，由单色染到多色复染，技艺一代比一代强。

近代，由于广大设计人员和美术爱好者的努力，使得扎染工艺精益求精，纹饰变化大胆自由，成品晕色变幻莫测，深受人们的喜爱，其艺术价值也备受国内外消费者和时装界的青睐。

如今，凤凰苗族扎染已经成为美化生活、点缀祖国大地的一道风景了。

八、黎族扎染

我国海南岛上的黎族妇女心灵手巧，不仅教会了黄道婆纺纱织布，还教会了她扎染这道普通又神奇的工艺。

黎族是中国岭南民族之一，人口一百多万，以农业为主，妇女精于纺织，所织黎锦世界闻名。

黎族主要聚居在海南省的中部和南部，源于我国古代百越的一支，西汉时称之为"骆越"，"黎"这一专有族称始于唐

末，到宋代才固定下来，沿用至今。"黎"本是"蛇"的称呼。

大约距今五千年前，黎族先民在新石器时代开发了海南岛。秦汉时期，海南岛同汉王朝关系密切，汉武帝先后数次派兵打下海南岛，设置了珠崖、儋耳两郡。从此，部分大陆汉人迁居海南岛，与黎族土著居民杂居。后来，汉族大量移民海南岛，苗族和回族也先后迁徙上岛。大量移民的迁入，带来了先进的生产工具铁器和农耕生产技术，社会生产力进一步发展，封建统治渐趋稳固。

黎族传统染织工艺已有二千多年的历史。自汉代以来，黎锦成为历代封建皇帝的贡品。我国传统纺织业为丝纺和麻纺，而棉纺起源于海南岛。

黎族棉纺工艺在宋元以前曾领先中原地区一千多年，对促进我国棉纺织业的发展作出了特殊贡献。棉纺织业在全国的普及是从宋代以后才开始的。

海南岛天气炎热，土壤肥沃，略带碱性，适于木棉生长，崖州（今三亚市）是中国棉花原产地之一。黎锦之美巧夺天工，深受人们喜爱，做工精细，美观实用，在纺、织、染、绣方面均有本民族的特色。

黎族织锦图案丰富多彩，多达160种以上，主要有人形、动物、花卉、植物、用具、几何图形等纹样。彩色一般用红、黄、黑、白、绿、青等几种，配色调和精致。

黎族的纺织艺术不仅具有漫长的历史和独特的风格，而且在纺、织、染、绣等方面对我国棉纺织业的发展有过重要的贡献。

宋末元初，松江乌泥泾镇黄道婆，因不堪忍受封建虐待，只身逃到海南岛崖州。崖州的黎族姐妹热情地接待了她，并手把手地教她纺纱、织布和扎染工艺。黄道婆聪明好学，又

十分勤快，很快学会了织染技术。在海南岛生活了三十多年后，黄道婆回到了家乡乌泥泾镇。她将从海南黎族姐妹那里学来的织染技术，加上自己的实践，融会贯通，总结成一套比较先进的织染技术，传授给家乡年轻的姑娘们，织成的被、褥、带，有花、草、鸟、兽、团凤等图案花纹，光彩夺目，灿然如画。黄道婆在染织方面取得的巨大成就是黎汉两族人民勤劳智慧的结晶。

在黎锦四大工艺中，黎族妇女的扎染工艺精彩而又独具魅力。黎族的织物印染以扎染为主，古代称为绞缬。织物经过扎结、入染、晒干、拆线等步骤，最后形成色彩斑斓的花布。黎族扎染所用的染料以植物的叶、花、树皮、树根为主，以天然矿物颜料为辅。

相传在远古时期，黎族先民学会了用麻布等纤维材料缝制衣服，麻布衣服虽比兽皮羽毛制成的衣服舒适多了，但颜色单一，都是灰白色的，不如兽皮羽毛漂亮。有一天，梅姓、葛姓二人把洗过的白布挂在树上晾晒，忽然一阵风吹过，白布被吹落到草地上。等他俩发觉白布落地时，白布已经成了花布，上边青一块，蓝一块，十分好看。开始时，他俩大惑不解，等琢磨了一阵之后，他们觉得奥妙一定是在青草上。于是，他们拔了一大堆青草，捣烂后放入水坑中，再放入白布，白布一下变成蓝色了。梅、葛二人由此受到启发，发明了用植物染布的方法。梅、葛二人成了染布的先师，被黎族后人尊为"梅葛二仙"。

几千年来，心灵手巧的黎族妇女不仅发明了先进的纺织技术，更精于扎染。黎族妇女使用的染料多为植物类染料，很少使用动物类、矿物类染料。植物染料除了靛蓝为人工栽培外，其他都是野生的。

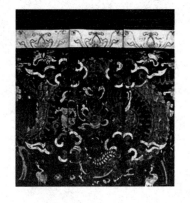

黎族生活在热带雨林地区，植物染

料资源十分丰富。黎族妇女经常使用的植物染料有十多种。

黎族人爱穿深色衣服, 传统服装多以深蓝为地, 显得庄重大方。

靛蓝是黎族最常使用的染料, 海南民间多称之为蓝靛、蓝草等, 是我国最早被利用的植物染料。

靛蓝染出的织物, 色泽以蓝为主, 随着染色次数的增加, 颜色逐渐加深, 呈深蓝色, 色泽牢固耐洗, 不易脱色。

黎族进行靛染和栽培蓝草的习俗十分普遍。蓝草是多种能够制作蓝靛的植物的总称, 黎族常用的蓝草有四五种。

用蓝草染色, 首先要造靛, 造靛是从蓝草中提取靛蓝。

先采摘蓝草的嫩茎和叶子, 置于缸中, 放水浸泡暴晒。几天后, 蓝草腐烂发酵。当蓝草浸泡液由黄绿色变为蓝黑色时, 要剔除杂质, 兑入一定量的石灰水。沉淀后, 缸底会留下深蓝色的泥状沉淀物，这便是靛了。将水倒出，加入草木灰水和米酒，放置2—6天，使其发酵。

将被染物浸入染液之中染色，是在常温常压条件下进行的氧化还原反应。将被染物放入染液中浸泡，然后取出，经拧、拍、揉、扯后再放入染缸使其充分浸透，然后再次取出挤去水分，晾晒氧化。一般都要经过几次甚至十几次反复浸染、晾晒，才能达到预期的效果。数日后，达到需要的深蓝色时，将被染物放入清水中漂洗，不理想时再进行复染，直到满意为止。

黎族妇女不仅知道什么植物染什么颜色，还能熟练地使用染媒进行染色。染媒是使染料和被染物充分亲和的物质。在染色工艺之中使用染媒是染色技术的一大进步，被染物不易褪色。不仅扩大了色彩的品种，还提高了色彩的鲜艳程度，复合色也大大增多了。

利用染媒进行染色的技术比较复

杂,只有在长时间实践的基础上才能逐步掌握。

例如: 黎族妇女把剥下来的乌墨树皮砍成一片一片的放进陶锅里, 加入芒果核煮一小时左右, 边放麻线边用细木棍翻动, 芒果核能起到固定颜色和使颜色鲜亮的染媒作用。麻线均匀上色, 达到所需颜色后取出。这时, 麻线呈深褐色, 要即刻埋入黑泥中, 边埋边用手揉搓, 使其充分上色。浸埋约一小时后取出清洗晾晒, 褐色麻线就会变成纯黑色了。

贝壳灰、草木灰含有多种金属元素, 也能起到染媒的作用。在染料中加酒, 对于改善色彩也能起到一定的作用。酒还可以加强染料的渗透性, 令棉纱有较好的染色效果和牢固程度。

古代称镂空版印花或防染印花类织物为缬, 分为夹缬、蜡缬、绞缬 (扎染) 三大类型。扎染又称扎缬, 是绞缬的俗称。宋代黎族进贡朝廷和行销内地的盘斑布、海南青盘被单、海南棋盘布以及宋末元初出自儋州、万州的缬花黎布等，都是运用扎染工艺制作的。

黎族扎染主要流行于美孚方言和哈方言地区。

美孚方言地区扎染较为普及，有专门的扎染架，图案花纹细致精巧。

哈方言地区扎染没有专门的扎染架，一般是将经线一端缚于腰间，另一端挂于足端，图案线条较为粗犷。

扎染工序一般有描样、扎结、入染、解结、漂洗等过程。黎族妇女的扎染不需描样，图案花纹牢记在她们心中。扎结也称扎花，在扎染中起着关键性的作用，直接影响扎染的好坏。

美孚方言地区妇女扎制时把理好的纱线作经，两端固定在一个长约2米高的木架上，然后依经线用青色或褐色棉线扎成各种图案花纹，图形多为几何纹样。扎花完成后，从木架上取下纱线入染。美

孚方言地区多采用靛染，为了使纱线着色均匀，先将结好的经线用水打湿，然后放入染液中翻动，上色均匀后取出晾干，使靛在空气中氧化凝固，再入染。如此反复晾染，直到满足要求为止。入染完成后，将扎好的线结一一拆除，用清水漂洗，除去浮色后晾干。这时，在经线上就会显出色斑花纹，用踞腰织机在斑花经线上织上彩色的纬线，就形成一幅精致的艺术品了。

黎族的扎染独具特色，在经线上扎线后即染色，最后织上各种彩色纱线的纬，即先染后织。我国其他民族都是在织成的白布上扎染，即先织后染。黎族先扎染后织布的工艺与其他民族先织布后扎染相比，图案更加严谨，色彩富于变化，自然的无层次色晕增强了黎锦的艺术感染力。